Bibliografische Information der Deutschen Nationalbibliothek:

Die Deutsche Bibliothek verzeichnet diese Publikation in der Deutschen National-
bibliografie; detaillierte bibliografische Daten sind im Internet über http://dnb.d-
nb.de/ abrufbar.

Impressum:

Copyright © 2003 GRIN Verlag, Open Publishing GmbH
Druck und Bindung: Books on Demand GmbH, Norderstedt Germany
ISBN: 978-3-668-10508-9

Dieses Buch bei GRIN:

http://www.grin.com/de/e-book/29618/biooekologische-raumgliederungen-auf-
verschiedenen-massstabsebenen

Daniel Tomowski

Bioökologische Raumgliederungen auf verschiedenen Maßstabsebenen

GRIN Verlag

GRIN - Your knowledge has value

Der GRIN Verlag publiziert seit 1998 wissenschaftliche Arbeiten von Studenten, Hochschullehrern und anderen Akademikern als eBook und gedrucktes Buch. Die Verlagswebsite www.grin.com ist die ideale Plattform zur Veröffentlichung von Hausarbeiten, Abschlussarbeiten, wissenschaftlichen Aufsätzen, Dissertationen und Fachbüchern.

Besuchen Sie uns im Internet:

http://www.grin.com/

http://www.facebook.com/grincom

http://www.twitter.com/grin_com

Hochschule Vechta

Studiengang Umweltwissenschaften

SS 2003

Seminar: Bioökologie

Thema der Arbeit:

Bioökologische Raumgliederungen auf verschiedenen Maßstabsebenen

Autor: Daniel Tomowski

Inhaltsverzeichnis:

1 Einleitung

Ziel dieser Arbeit ist es, einen Überblick der wichtigsten bioökologischen Raumgliederungen zu vermitteln, sowie diese Raumgliederungen relativen Maßstäben zuzuordnen, soweit es möglich ist. Dazu wird versucht, die Vielzahl vorhandenen Raumgliederungen von einer großen Maßstabebene zu kleinen Maßstäben hin aufzugliedern. SCHULTZE (2000, S.20) gibt dabei zu bedenken, dass der Versuch die Erde zu gliedern, durchaus problematisch sein kann, da 1. eine Vielfalt von kleinräumigen Standortbedingungen existieren, 2. eine Reihe von Einflüssen wie z.B. die Land-Meer Verteilung oder anthropogene Einflüsse nicht zugeordnet werden können, 3. ökozonale Wirkungsgefüge nur selten scharf ausgeprägt sind und 4. viele exogene Gegebenheiten sich in langen Zeiträumen entwickelt haben.

Aus diesen Gründen erhebt die Gliederung der Maßstäbe in dieser Arbeit nicht den Anspruch, die einzig mögliche zu sein, sondern stellt den Versuch des Autors dar, bioökologische Raumgliederungen übersichtlich darzustellen Im Anschluss an die Benennung der bioökologischen Raumgliederungen sollen ausgewählte Erfassungs- und Darstellungsmethoden aus der Praxis benannt werden, die im Studiengang Umweltwissenschaften und in anderen Referaten dieses Seminars vorgestellt werden.

2 Raumgliederungen globalen Maßstabes

2.1 Biosphäre/Ökosphäre

Die Biosphäre oder auch Ökosphäre ist nach STREIT (1992, S.42) „die Gesamtheit der von Lebewesen besiedelten Wasser-, Land- und Luftregionen der Erde.". Die Biosphäre ist über Energieflüsse und Stoffkreisläufe und andere Wechselwirkungen mit anderen Teilsphären der Erde verbunden.

Zum besseren Verständnis des Aufbaus des Planeten Erde und der beinhaltenden Wirkungsgefüge ist es daher notwendig, eine globale Differenzierung der Teilsphären vorzunehmen. HARMS (1999, S.15) differenziert die Erde in drei Sphären:

A. **Die Lithosphäre** umfasst mit Ihren tektonischen Verhältnissen und geologischen Baustoffen, dem Festgestein, den Formenschatz der Erde. Nicht

Bestandteil der Lithosphäre ist das Lockergestein bzw. der Boden der unter der Pedosphäre subsumiert wird.

B. **Die Hydrosphäre** ist die Wasserhülle unseres Planeten. Zu den wissenschaftlichen Disziplinen, die sich mit dieser Sphäre beschäftigen werden die Ozeoanographie, die Limnologie und die Hydrologie gezählt.

C. **Die Atmosphäre** umfasst die Gashülle unseres Planeten. Die Atmosphäre wird in mehrere Schichten unterteilt, wobei die unterste Schicht von der Troposphäre von 0 bis 12 km über der Erdoberfläche gebildet wird, die darrüberliegende Stratosphäre bis ca. 50 km Höhe verläuft, die Mesosphäre bis 80 km Höhe und die die Themosphäre bis 500 km Höhe.

Zur der Gliederung der Erde in Sphären soll Abbildung Nr.1 dienen:

Abb. 1 Die drei Erdsphären

(Abbildung 1: Sphären der Erde (aus HARMS: Handbuch der Geographie, Seite 15)

2.2 Ökosysteme

Nach STREIT (1992, S.225) ist ein Ökosystem ein „geographisch und oft auch funktionell umreißbarer Ausschnitt der Biosphäre.". Dieses System setzt sich aus abiotischen Elementen (Luft, Wasser, Gestein und Boden) und biotischen Elementen (Menschen, Pflanzen und Tiere) zusammen. Dabei bilden die abiotischen Elemente den Lebensraum (Biotop) und die biotischen Elemente die Biozönose, die Lebensgemeinschaft. Beide Kompartimente stehen in vielfältigen strukturellen und funktionellen Wechselbeziehungen zueinander. Die räumliche Abgrenzung eines Ökosystems ist sehr schwierig, weil die Grenzen stets für Ab- und Zugänge von Organismen, Materialien und Energie durchlässig sind. Klassische Ökosysteme sind z.B. Gewässer, Moore, Heidelandschaften oder auch das Wattenmeer. Da aber auch die gesamte Biosphäre ein in sich geschlossenes. globales Ökosystem mit biotischen und abiotischen Elementen darstellt, ist der Begriff des Ökosystems nicht auf einen bestimmten Maßstab zu begrenzen, letztendlich ist aber ein Ökosystem in der Gesamtzahl der Kompartimente ein globales System.

3 Raumgliederungen regionalen Maßstabes

3.1 Florenreiche

SCHMIDT (1969, S.391) definiert den Begriff des Florenreiches als sich „über geologische Zeiten ... erstreckende einheitliche Entwicklung der Pflanzenwelt", bei denen sich Gattungen und Arten in bestimmten Arealen weitgehend decken.
Die Pflanzensippen und Ihre verwandtschaftlichen Beziehungen stehen im Vordergrund bei der Einteilung der Florenreiche. SCHULTZ (2000, S.75) merkt dazu an, dass die Tiereiche weitgehend mit den Florenreichen übereinstimmen.
Im einzelnen werden 7 Florenreiche unterschieden, wobei sich absolut eindeutige Abgrenzungen nicht vornehmen lassen, da sich benachbarte Florenreiche gegenseitig durch biotische und abiotische Beziehungen gegenseitig beeinflussen können:

A. Holoarktis:

Das größte Florenreich der Erde erstreckt sich über Europa, Nordamerika und Nordasien. Es sind kaum endemische Familien anzutreffen, außer in mediterranen Regionen, dem Südwesten Nordamerikas und in Ostasien, also jenen Gebieten, die ein relativ warmes Klima aufweisen und von der quartiären Eiszeit nicht beeinflusst worden sind. Kennzeichnende Sippen sind Kieferngewächse, Birkengewächse, Weidengewächse und Geißblattgewächse.

B. Palaeotropis:

Dieses Florenreich erstreckt sich im wesentlich über den afrikanischen Kontinent und das tropische Südasien. Es ist das zweitgrößte und artenreichste Florenreich der Erde und beherbergt in der Mehrzahl Flügelfruchtgewächse, Kannenpflanzengewächse und Schraubenbaumgewächse.

C. Neotropis:

Die Neotropis erstreckt sich über Mittel- und Südamerika ohne Südchile. Dieses Florenreich zeichnet sich durch viele endemische Arten aus, u.a. durch Kakteen- und Ananasgewächse, Blumenrohrgewächse und Kapuzinerkressengewächse.

D. Australis

Namensgebend für dieses Gebiet ist der gleichnamige Kontinent Australien. Die Gattungen sind zu 86 % endemisch, beispielhaft sei hier der Eukalyptus erwähnt.

E. Capensis

Gelegen an der äußersten Südspitze von Afrika (Kapland), ist Capensis das kleinste Florenreich der Erde. Es beheimatet 6 endemische Familien, darunter die Mittagsblumengewächse und die Erica.

F. Antarktis

Dieses Florenreich erstreckt sich über den gleichnamigen Kontinent sowie über Südchile. Dieses Florenreich ist sehr artenarm, es beheimatet zB. Moose und Flechten.

G. Ozeanisches Florenreich

Das Ozeanische Florenreich umfasst die Wasserhülle der Erde, die Ozeane. Ein Grossteil des pflanzlichen Lebens, Seegrasgewächse und Algen befindet sich in der obersten Ozeanschicht bis 100 m Tiefe.

Abbildung Nr.2 illustriert die Florenreiche der Erde in grafischer Form:

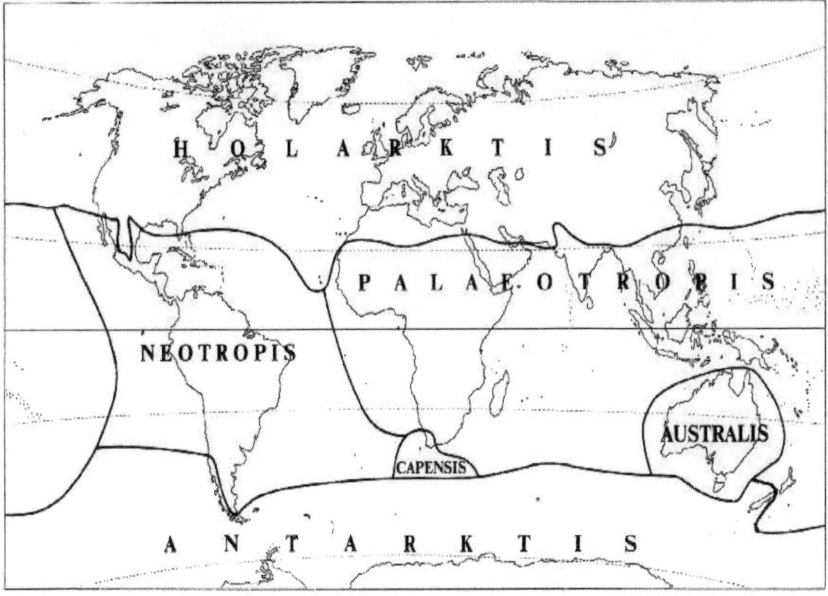

Abbildung Nr.2: Florenreiche der Erde (aus: SCHMIDT: Vegetationsgeographie, S.390)

3.2 Vegetationszonen/Landschaftsgürtel

Die Unterteilung der Vegetationszonen bzw. Landschaftsgürtel richtet sich im Gegensatz zu den Florenreichen, die sich durch die Pflanzensippen definieren, an den klimatischen Bedingungen der betroffenen Region aus. Nach FREY&LÖSCH (1998, S.292) bedingen „Die großen Klimazonen der Erde ... eine weitgehend breitenparallel verlaufende Zonierung der Vegetation in Vegetationszonen.". Die acht wichtigsten Vegetationszonen sind in Abbildung Nr. 3 dargestellt und sollen nachfolgend beschrieben werden.

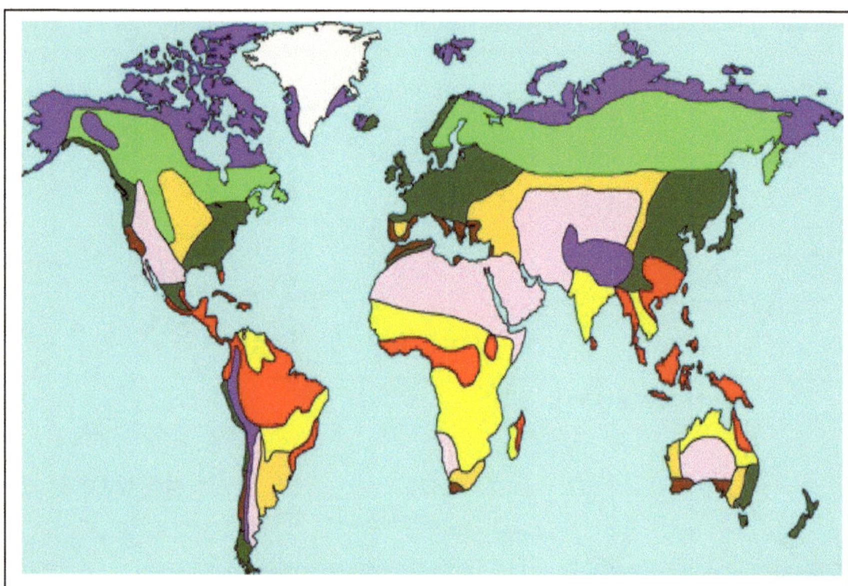

Abbildung Nr.3 : Vegetationszonen der Erde (aus PETERS: Vorlesungsskript der Hochschule Vechta im Seminar „Klima, Vegetation, Wasser" im WS 2001, S. 23)

A. Tropischer Regenwald:

Der tropische Regenwald stellt den zentralen Vegetationstyp der beiden tropischen Florenreiche Neo- und Paläotropis dar und erstreckt sich über den nördlichen Teil Südamerikas, über Mitteamerika, Zentralafrika, Ostmadagasgar, Südostasien, die Sunda-Inseln, Neuguinea und Teile Australiens. Nach HARMS (1999, S.354) ermöglichen Temperaturverhältnisse von Monatsmitteln im Bereich von 30 bis 30 Grad Celsius, Niederschläge von 1500 bis 5000 mm im Jahr üppige Vegetationsformen. Dazu zählen Phanerophyten, Ephiphyten, Lianen und aufragende Urwaldriesen.

B. Tropische Savanne

Angrenzend an den Gebiete des tropischen Regenwaldes, wird diese Vegetationszone in Feucht -, Trocken und Dornsavanne differenziert, da die Niederschlagsmenge von der Feucht- zu Dornsavanne hin abnimmt und die ariden Monate in gleiche Reihenfolge zunehmen, wie es uns Abbildung Nr. 4 aufzeigt.

Grob verallgemeinert lässt sich zusammenfassen, das Gewächse in den trockeneren Gebieten an Höhe abnehmen und sich dem ariden Klima durch Hartlaubigkeit und verringerte Blattflächen, wie z.B. bei Sukkulenten anpassen.

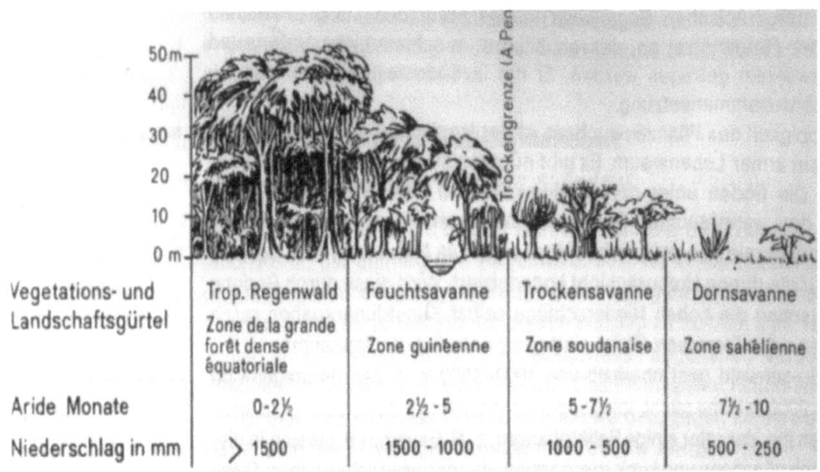

Abbildung Nr.4: Savannentypen (aus HARMS: Handbuch der physischen Geographie, S.356)

C. Wüste:

Wüsten sind auf unserem Planeten in Afrika, Teilen Südamerikas, dem indischen Subkontinent, Südostasiens und Teilen Australiens zu finden, wie es Abbildung Nr. 7 aufzeigt. Differenziert wird die Wüste in Halbwüste und Vollwüste, wobei in der Halbwüste Jahresniederschläge von 150 bis 300 mm auftreten und die Bodebedeckung mit Vegetation 40 Prozent beträgt. Die Vollwüste hingegen weist eine Bodenbedeckung von maximal 10 Prozent auf und Jahresniederschläge von unter 150 mm. Gewächse mit weit ausgereiften Wurzelsystemen wie Geophyten, Therophyten, Sukkulenten, Euphorbien, Kakteen und Zwergsträucher dominieren.

D. Zone mediterraner Hartlaubgewächse:

Verortet ist diese flächenmäßig kleine Zone im Mittelmeerraum, in Chile, in Kalifornien, an der Südspitze Afrikas und in Australien. Der mediterrane Klimatyp ist nach FREY&LÖSCH (1998, S.312) durch „kühle, relativ regenreiche und frostarme Winter sowie heiße, trockene Sommer" gekennzeichnet. Die Jahresniederschläge liegen zwischen 300 und 1000 mm Niederschlag. Pflanzen mit ledrigen, kleinen und wachsüberzogenen Blättern sowie eingesenkten Spaltöffnungen sind kennzeichnend für diese Zone. Beispielhaft sind hier Korkeiche und Pinie erwähnt, als auch dürreresistente Zwergsträucher wie Thymian und Rosmarien.

E. Steppengrasland/Prärie

Diese kontinentalen Übergangsregionen wie die Nordamerikanischen Prärien, die Steppen Südrusslands und Teile von Südamerika, Südafrika und Australien kennzeichnen sich durch wechselfeucht humide bis aride Klimate aus. In den Steppengrasländern sind Jahresniederschlagsmengen con 250 bis 400 mm im Jahr typisch. Je näher die Gebiete am Äquator angesiedelt sind, desto weniger Niederschlag fällt und die Einteilung der Vegetationszonen wird wie folgt differenziert: Wald-, Hochgras-, Kurzgras-, Halophyten- und Wüstensteppe. Außer in der Waldsteppe sind in dieser Vegetationszone keine Bäume zu verzeichnen, sondern in der Mehrzahl Gräser und Sträucher. Steppengrasländer sind, wie in Nordamerika, intensiv bewirtschaftete Kornkammern.

F. Sommergrüne Laubwälder:

Beheimatet sind die sommergrünen Laubwälder mit Ausnahme der chilenischen Anden auf der Nordhalbkugel. Eine 3-4 Monate andauernde Winterzeit und Temperaturen von mindestens 10 Grad Celsius über 120 Tage im Jahr ermöglichen es Geophyten, Tropophyten, Hemikrytophyten u.a. Pflanzen, in dieser Zone zu wachsen.

G. Boreale Nadelwaldzone:

Diese Zone durchzieht Kanada und Nordeurasien. Nach FREY&LÖSCH (1998, S.330) beginnt die „eigentliche boreale Zone ... dort, wo das Klima für sommergrüne Laubholzarten zu ungünstig wird, d.h. die kalte Jahreszeit länger als 6 Monate dauert und die Dauer der Zeit mit Tagesmitteln über 10 Grad Celsius unter 120 Tage sinkt.". in großen teile dieser Zone herrscht Permafrost. Tannen, Kiefern, Birken, Zwergsträucher, sowie säurenangepasste und frostresistente Moose und Flechten sind in der borealen Nadelwaldzone beheimatet.

H. Arktische und Alpine Tundra:

Dieser Vegetationsgürtel befindet sich zwischen dem borealen Nadelwald und der Eiswüste. Niedrige Temperaturen und lange Frostperioden bieten Flechten, Moosen, Rasen und Kümmerformen von Sträuchern und vereinzelt Bäumen einen Lebensraum, wobei nach HARMS (1999, S.363) die „Armut des Bodens an Nährstoffen und schlechte Durchlüftung des Untergrundes" nur unzureichende Lebensgrundlagen für Baumbewuchs bereitstellt.

3.3 Tierreiche

In der Zoogeographie wird die Fauna arealgenetisch in 8 Teilregionen aufgegliedert, die nach HARMS (1999, S. 366) auf Grund folgender Bedingungen ausdifferenziert wurden: 1. das stammesgeschichtliche Alter der Tierart, 2. die Ausbreitungsmöglichkeiten in der Vergangenheit und 3. von den Ausbreitungsmöglichkeiten heute. Demnach wurden folgende Tierregionen des Festlandes ermittelt:

A. Paläarktis:

Diese Gebiet erstreckt sich über Europa, Nordasien einschließlich des Himalaja, Nordafrika und den südliche Teil der arabischen Halbinsel

B. Nearktis:

Umfasst Nordamerika und Grönland. Da Paläarktis und Nearktis ein gemeinsames Florenreich, die Holoarktis, bilden, finden sich in beiden Tiereichen verwandte Tierarten wie z.B. Rentier, Elch, Hirsch und Hase. Des Weiteren ziehen im Winter fast alle Vögel nach Süden.

C. Aethopis:

Erstreckt sich über Mittel- und Südafrika und beheimatet in Savannengebieten Arten, wie Giraffe, Flusspferd, Strauß, Zebra und Nashorn. Die Waldfauna, die in enger Beziehung zur südasiatischen Walfauna steht, beherbergt Arte wie Affen, Waldstachelschweine und Bartraben.

D. Madagassis:

Benannt nach der gleichnamigen isolierten Insel Ostafrikas, hat sich hier seit 40 Millionen Jahren ein Refugium für die altertümliche Fauna Afrikas erhalten, die viele endemische Arten wie Halbaffen, Insektenfresser und Schleichkatzen beherbergt.

E. Orientalis:

Dieses Gebiet umfasst den südlichen Teil Asiens, sowie die Großen Sunda-Inseln und ist die Heimat vieler endemischer Arten, wie z.B. dem Spitzhörnchen.

F. Notogäische und Australische Region:

Australien, Neuguinea, Neuseeland und die pazifische Inselwelt werden zu dieser Region zusammengefasst, wobei die Grenze zwischen zu Orientalis nicht eindeutig ist. Kennzeichnend für die australische Fauna sind die Kloaken- und Beuteltiere, wie z.B. das Känguru. In der Vogelwelt dominieren Papageienarten. Negativ hervorzuheben ist nach HARMS (1999,S.370) , dass fast „alle höheren Säugetiere" fehlen.

G.Neotropis:

Erstreckt sich über Süd- und Mittelamerika und beherbergt auf grund der langen Isolierung des Kontinentes im Tertiär viele endemische Arten, wie Nager, Fledermäuse und Koilibris,

Zusammenfassend ist die Tierwelt in Abbildung Nr.5 dargestellt.

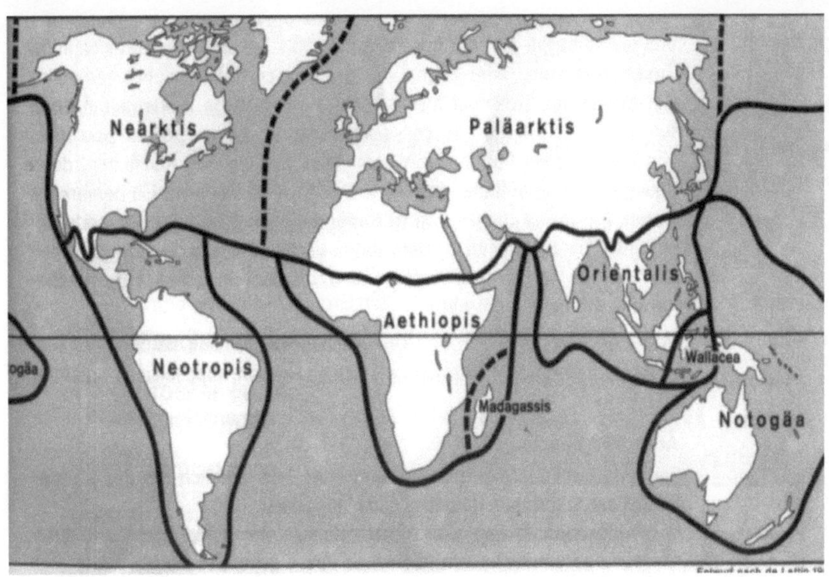

Abbildung Nr.5: Regionen der Tierwelt (aus HARMS: Handbuch der physischen Geographie, S.367)

4 Raumgliederungen kleinräumigen Maßstabes

4.1 Biome

Biome sind im wesentlichen Sinne die Bezeichnung für eine Lebensgemeinschaft in einer bestimmten Klima- und Vegetationszone unserer Erde. Dabei stellen nach MÜLLER (1981, S.357) die Pflanzenformationen wie z.B. Regenwälder, Tundren oder Savannen die „äußere Klammer" dieser Lebensgemeinschaften dar. Den Inhalt der Klammer bildet die Tierwelt. Somit ist das Biom eine übergeordnete Einheit der Biozönose. Nach der Auffassung von STREIT (1992, S.47) stellen Tundra, Taiga, Laubmischwaldzone, Skleraea (mediterraner Trockenwald), Steppe, Savanne, Hylaea (tropischer Regenwald) und die Wüste die wichtigsten Biome dar. Die Grundmatrix für die Biomgliederung stellen also die Vegetationsformen dar.

4.2 Arealsysteme

Die Biogeographie bezeichnet nach MÜLLER (1981, S. 103) das Arealsystem als „kleinste reale Grundeinheit", vergleichbar mir der Grundeinheit „Art" in der Evolutionsforschung. Die räumliche Abgrenzung erfolgt über das Verbreitungsgebiet einer Art, die ohne Zuzug von außen dauerhaft fortpflanzungsfähig ist. Dabei stehen die biotischen und abiotischen Faktoren im Areal in Wechselbeziehungen zueinander. Die Ausdehnung der Areale auf der Erde ist von der betrachtenden Art abhängig. So gibt es zum einem Art die über die ganze Erde verbreitet sind, die Kosmopoliten und Arten, die ein eng umgrenztes Areal bewohnen, die sogenannten endemischen Arten. Nach SCHMIDT (1969, S.42) lassen sich Arealsysteme in drei Grundtypen differenzieren:

A. **Zusammenhängende oder kontinuierliche Areale**. Hierzu zählen geschlossenen, ganze Gebiete, wie z.B. das Areal zur Verbreitung der Rotbuche in Abbildung Nr.7:

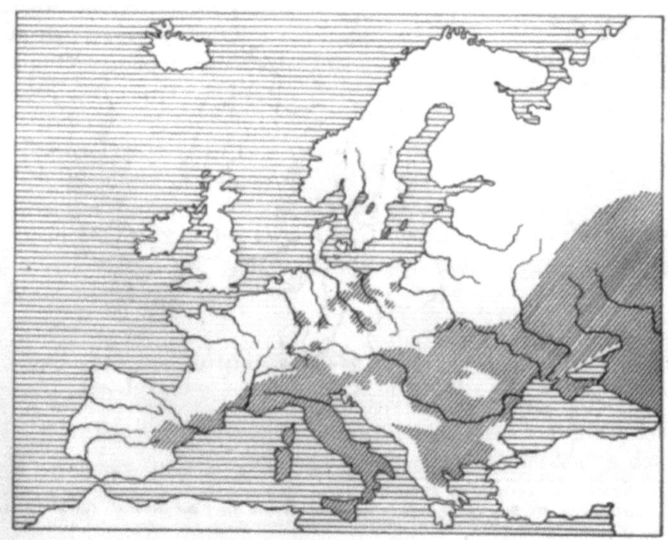

Abbildung Nr.7: Verbreitungsgebiet der Rotbuche (aus SCHMIDT: Vegetationsgeographie, S.43)

B. **Nichtgeschlossene oder diskontinuierliche Areale**, die aus einem Kernraum und einer mehr oder minder großen Zahl von Exklaven bestehen (Abbildung Nr.8).

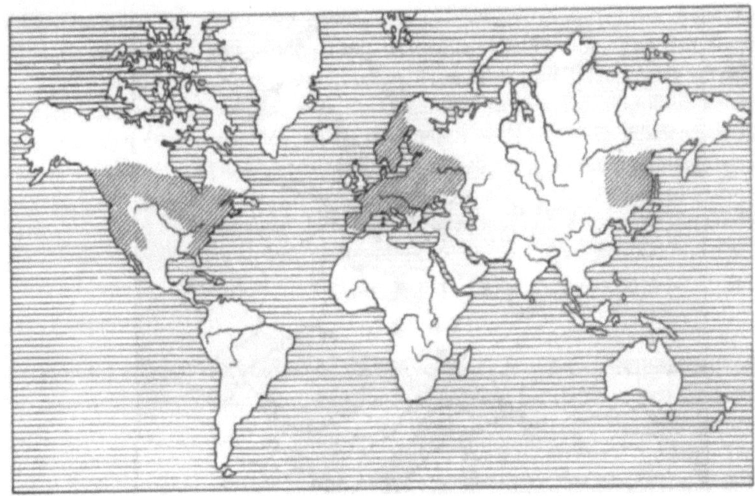

Abbildung Nr.8: Verbreitungsgebiet des Buschwindröschens (aus SCHMIDT: Vegetationsgeographie, S.44)

C. **Getrennte oder disjunkte Areale**, bei der mehrere gleich große, aber getrennte Verbreitungsräume existieren (Abbildung Nr.9).

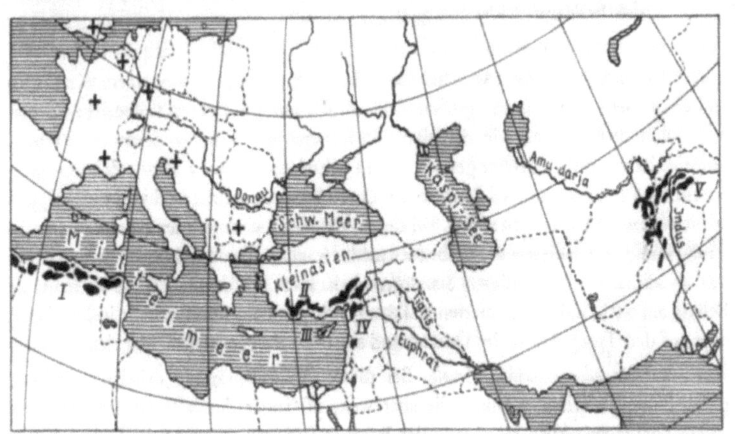

Abbildung Nr.9: Verbreitungsgebiet der Zedern (aus SCHMIDT: Vegetationsgeographie, S.44)

4.3 Biotope

Der oder das Biotop bezeichnet einen Lebensraum einer Lebensgemeinschaft, in denen einheitliche Lebensbedingungen herrschen, den Ort also, in dem eine Biozönose ansässig ist. Nach SCHMIDT (1969, S.34) kann der Biotopbegriff „gleichgesetzt werden mit Ökotop und Physiotop, die beide kleine räumliche Einheiten bezeichnen.". Des Weiteren ergänzt STREIT (1992, S.49) , dass „ der Begriff des Habitats ... synonym zu Biotop" gebraucht wird.
Abgegrenzt wird die naturräumliche Grundeinheit Biotop fast ausschließlich nach den Verbreitungsgrenzen von Pflanzen- bzw. Lebensgemeinschaften. Gleichartige oder ähnliche Biotope können einem bestimmten Biotoptyp zugeordnet werden.

4.4 Formationen

Der Begriff der Pflanzenformation steht für das einheitliche physiognomische Erscheinungsbild einer Vegetationsdecke, wie z.B. von Hochmoor, Wiese und Heide. Die Formation stellt die Grundeinheit, in der von HUMBOLDT (1806) aufgestellten physiognomisch-ökologisch Vegetationsgliederung, dar.
Des Weiteren können neben physiogonomischen, auch klimatische Bedingungen die Formationseinteilung bestimmen. Nach SCHMIDT (1969, S.34) werden mehrere Formationen zu einem „Vegetationstypus" zusammengefasst, der im wesentlichen einem Landschaftsgürtel bzw. einer Vegetationszone entspricht. FREY&LÖSCH (1998, S.59) geben zu bedenken, dass es für die Fassung der Formationen und der höheren Einheiten (Formationsgruppe, -unterklasse, -klasse) bisher keine verbindlichen Richtlinien oder Regeln gibt.

5 Potentiell- natürliche Vegetation

Das Konzept der „potentiell natürlichen Vegetation" ist eine theoretisch-methodische Grundlage zur Darstellung des heutigen natürlichen Wuchspotentials der Landschaft. BASTIAN&SCHREIBER (1994, S.141) fügen erklärend hinzu, dass diese gedachte Vegetation unsere Kulturlandschaften bedecken würde, wenn der anthropogene Einfluss auf den Naturraum nie stattgefunden hätte.

Die heutige potentiell-natürliche Vegetation entspricht somit den heutigen Standtortbedingungen, die durch vielfältige menschliche Nutzungseingriffe gekennzeichnet ist. Eingeteilt werden Gebiete der potentiell-natürlichen Vegetation anhand ihre Natürlichkeitsgrades über Hemerobiestufen, die den Grad des menschlichen Einflusses auf die Vegetation messen, wie es Abbildung Nr. 10 aufzeigt;

	JALAS (1953, 1955)	HORNSTEIN (1950)	ELLENBERG (1963)	WESTHOFF (1949, 1951, 1965)	FALINSKI (1966)
kultur-betont	euhemerob	künstlich	künstlich	Kulturland-schaft	pansynanthrop
		naturfremd	naturfremd		eusynanthrop
	mesoheme-rob	naturfern	naturfern	halbnatürl. Landschaft	metasynanthrop
			bedingt naturfern		polysynanthrop
natur-betont	oligoheme-rob	naturnah	bedingt naturnah	„scheinbar natürliche"	protosynanthrop
			naturnah	Landschaft	präsynanthrop
	ahemerob	natürlich (beeinflußt)	natürlich	natürliche	—
		natürlich (nicht beeinf.)	unberührt	Landschaft	

Abbildung Nr.10: Übersicht über die Klassifizierung des menschlichen Einflusses nach verschiedenen Autoren (aus BASTIAN&SCHREIBER : Analyse und ökologische Bewertung der Landschaft, S.269)

Gemeinsam ist bei allen fünf Autoren die abfallende Gliederung von kulturbetonten zur naturbetonten Natürlichkeitsstufe. Je stärker Nutzungsintensität und Belastung der Vegetation durch den Menschen, desto naturferner ist die Vegetation. Zusammenfassend lässt sich nach BASTIAN&SCHREIBER (1994, S.268) ein grobes Schema von vier Natürlichkeitsstufen aufstellen: natürlich-naturnahe, halbnatürliche, naturferne und künstliche Vegetation.

Maßgebliche Kriterien zur Bestimmung zu Differenzierung einer feineren, neunstufigen Skala der Natürlichkeitsgrades sind: 1. Strukturveränderungen gegenüber der natürlichen Vegetation, 2. Anteil an Arten der natürlichen Vegetation, 3. Anteil an sekundären Arten der Wildflora und 4. Lebensdauer der spontanen und kultivierten Vegetation. Ein Kartierungsbeispiel von Mosaiktypen des Natürlichkeitsgrades zeigt Abbildung Nr.11 auf.

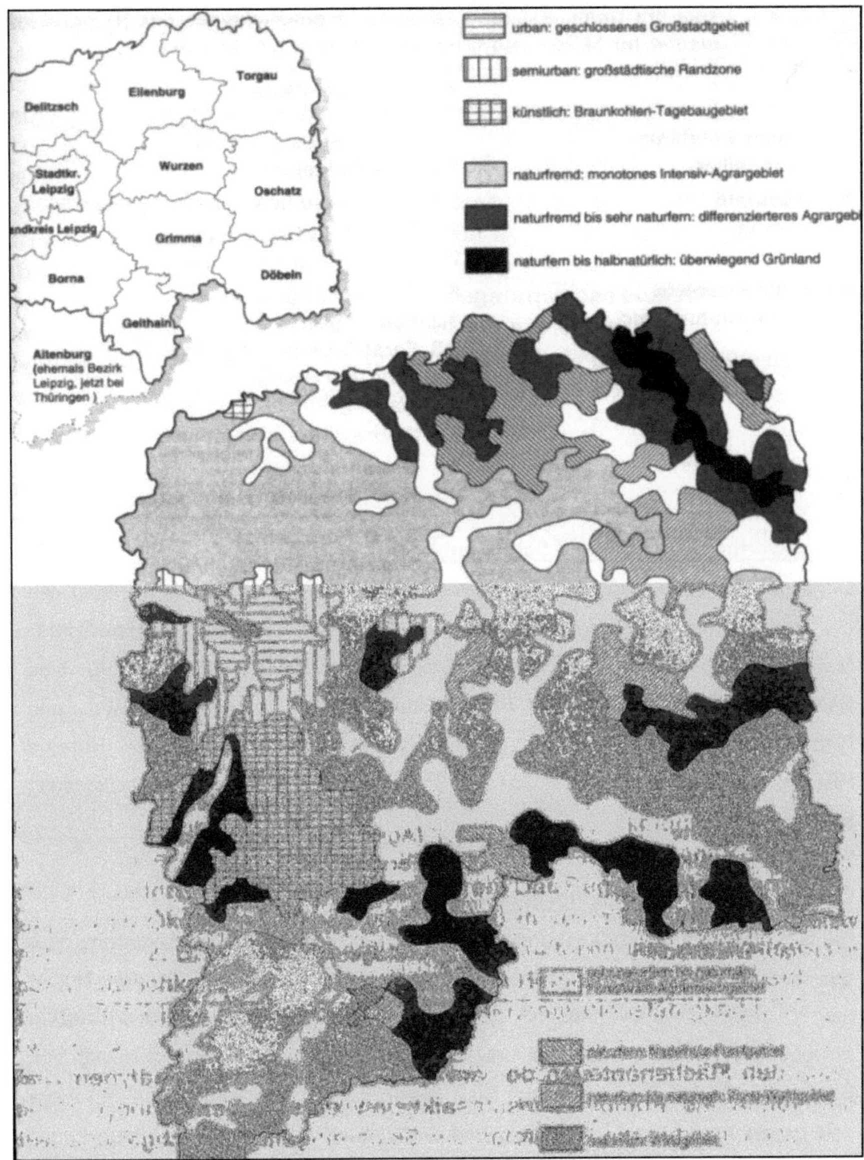

Abbildung Nr.11: Kartierungsbeispiel über Mosaiktypen des Natürlichkeitsgrades (aus BASTIAN&SCHREIBER : Analyse und ökologische Bewertung der Landschaft, S.277)

6 Überblick von Methoden zur Erfassung und Darstellung bioökologischer Raumgliederungen

Dieses Kapitel soll dem Leser nur einen Überblick über die Methoden zur Erfassung und Darstellung bioökologischer Raumgliederungen geben, nicht aber diese Methoden im Detail erläutern, da diese Methoden Inhalt andere Referate dieses Seminars sind oder in anderen Lehrveranstaltungen des Studiengangs Umweltwissenschaften im Detail behandelt werden.

A.Vegetationskartierung:

Bei dieser Kartierungsform wird zwischen Gesellschaftsformen (z.B. bei Karten der potentiell natürlichen Vegetation), Formationskarten und Biotoptypenkarten differenziert.

B. Auswertung von Luft- und Satellitenbildern:

Die Auswertung von Luft- und Satellitenbildern kommt überall dort zum tragen, wo die Erderkundung im Gelände schwierig ist, wie z.B. in tropischen Regenwäldern, Mangroven oder Moorlandschaften. Nach FREY&LÖSCH (1998, S.66) sind Satellitendaten aber nur im beschränkten Maße, außer bei Wald und Gebüschformationen, für die Vegetationsbestimmung nutzbar, da die einzelne Pflanze auf Grund technischer Gründe (geometrische Auflösung) nicht eindeutig bestimmt werden kann.

C. Geographische Informationssysteme:

Ein GIS bietet die Möglichkeit, erhobene Daten aus einer manuellen Kartierung oder aus Satellitenaufnahmen in graphischer und thematischer Form für den Nutzer bereitzustellen, d.h. es können z.B. Daten über ein Biotop in das Informationssystem eingegeben, verwaltet analysiert und dargestellt werden. Für die Erfassung von Biotopen bedeutet dies, dass nach BILL (1999, S.259) „das Vorkommen von Flora und Fauna nach Lage, Vernetzung und Gefährdung dokumentiert" werden kann. Geographische Informationssysteme sind für die Darstellung und Erfassung aller vorgestellten bioökologische Raumgliederungen nutzbar.

<u>**D. Gradientenanalyse:**</u>

Bei diesem Verfahren wird untersucht, inwieweit sich Pflanzenarten entlang eines vorher bestimmten ökologischen Gradientem (z.B. pH-Wert, Salzgehalt) anordnen. Nach FREY&LÖSCH (1998, S.70) ergeben sich „Gruppierungen von Kurvenverläufen, die Habitatbereiche und ökologische Artengruppen anzeigen.". Abbildung Nr. 12 verdeutlicht anhand der Stickstoffzahl als Gradient, die Masseverteilung in Prozent in einem abgestecktem Areal.

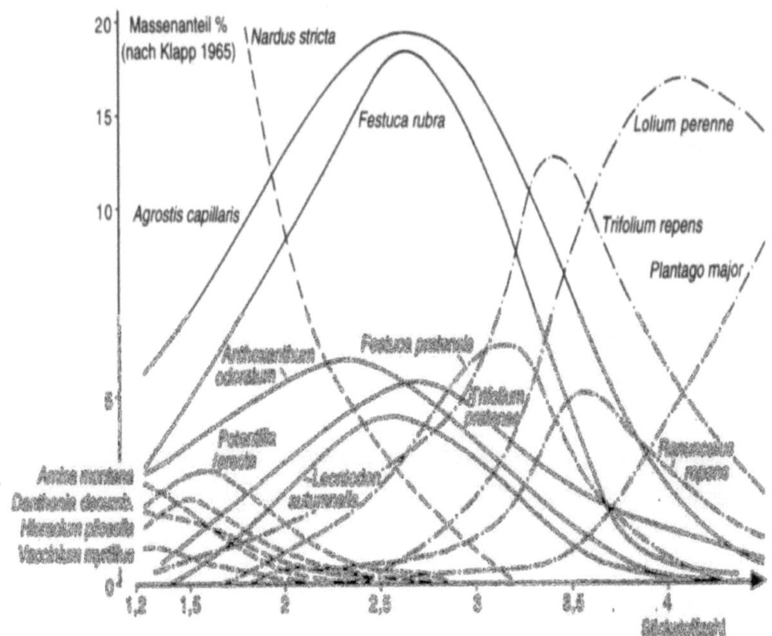

Abbildung Nr.12: Populationskurve entlang eines Stickstoffgradienten (aus FREY&LÖSCH (1998) : Lehrbuch der Geobotanik, S.70)

<u>**E. Statistische Verfahren**</u>

Zur Bestimmung von Raumgliederungen sind allgemeine statistische Verfahren anwendbar, die mit messbaren Größen wie „Individuenzahl pro Fläche" , „Deckungsgrad" oder „Lufttemperaturen" in Korrelation zu bestimmten Zonen gebracht werden oder über Häufigkeitsanalysen bestimmten Räumen zugeordnet werden können.

7 Literaturverzeichnis

BASTIAN & SCHREIBER (1994) : Analyse und ökologische Bewertung der Landschaft. – Gustav Fischer Verlag, Jena

BILL, RALF (1999): Grundlagen der Geo - Informationssysteme, Band 2 (2.Auflage). – Herbert Wichmann Verlag, Heidelberg

FREY & LÖSCH (1998) : Lehrbuch der Geobotanik (1.Auflage). - Gustav Fischer Verlag, Stuttgart

HARMS, HEINRICH (1999) : Harms Handbuch der physischen Geographie (16. Auflage). – Schroedel – Verlag, Hannover

MÜLLER, PAUL (1981) : Arealsysteme und Biogeographie (1.Auflage). - Verlag Eugen Ulmer, Stuttgart

PETERS, KRISTIN (2001): Vorlesungsskript der Hochschule Vechta im Seminar „Klima, Vegetation, Wasser" im WS 2001

SCHMIDT, GERHARD (1969) : Vegetationsgeographie auf ökologisch-soziologischer Grundlage (1.Auflage). – BSB B.G. Teubener Verlagsgesellschaft, Leipzig

SCHULTZ, JÜRGEN (2000) : Handbuch der Ökozonen (1.Auflage). – Verlag Eugen Ulmer, Stuttgart

STREIT, BRUNO (1992) : Umwelt Lexikon (1. Auflage). – Verlag Herder Freiburg im Breisgau, Freiburg

BEI GRIN MACHT SICH IHR WISSEN BEZAHLT

- Wir veröffentlichen Ihre Hausarbeit, Bachelor- und Masterarbeit

- Ihr eigenes eBook und Buch - weltweit in allen wichtigen Shops

- Verdienen Sie an jedem Verkauf

Jetzt bei www.GRIN.com hochladen und kostenlos publizieren